BAWANGLONG DANSHENG JI

霸王龙诞生记

未来出版社

U0224159

图书在版编目（CIP）数据

霸王龙诞生记/杨一楠，畲田编著；杨一楠绘. —西安：
未来出版社，2014.12（2018.1重印）
（恐龙大揭秘）
ISBN 978-7-5417-5501-9

Ⅰ.①霸… Ⅱ.①杨… ②畲… Ⅲ.①恐龙—儿童读
物 Ⅳ.①Q915.864-49

中国版本图书馆 CIP 数据核字（2014）第 309041 号

霸王龙诞生记

编　著	杨一楠　畲　田　绘　画　杨一楠	
选题策划	张晟楠　刘小莉	
责任编辑	张晟楠	
技术监制	宇小玲　宋宏伟	
发行总监	董晓明	
宣传营销	薛少华	
出版发行	未来出版社出版发行	
	地址：西安市丰庆路 91 号　邮编：710082	
	电话：029-84288458	
开　本	12 开	
印　张	6	
字　数	90 千字	
印　刷	陕西金和印务有限公司	
书　号	ISBN 978-7-5417-5501-9	
版　次	2015 年 4 月第 1 版	
印　次	2018 年 1 月第 3 次印刷	
定　价	26.80 元	

这是一个关于霸王龙成长的故事。

　　小霸王龙奥尼来到这个世界上时，已经没有了妈妈，他在父亲的照顾下快乐地成长着。

　　奥尼天真活泼、无忧无虑，父亲给了他最好的保护。

　　但是有一天，一向疼爱他的父亲突然将他赶出了山谷。奥尼十分委屈，不知道父亲这么做的原因。面对着未知的世界，他不得不开始独自流浪。

在很久很久以前，美洲大陆上有一座雄伟的大山，名叫霸王山。这里的气候温暖潮湿，植物茂盛葱郁，克里河在山谷中静静地流淌……

霸王山是恐龙的天堂，生活着各种各样的恐龙。山谷中每天都是一派生机勃勃的景象：翼龙在天空中自由飞翔，剑龙在河边饮水，禽龙在水中嬉戏，梁龙在草地上进食……

当清晨的第一缕阳光洒向这片大地的时候，霸王龙巴特开始了他每一天的巡视。巴特是这个山谷的统治者，每一天清晨，他都要站在高高的山崖上，观察山谷中的一切，维护山谷的秩序。

这一天，巴特结束了巡视，回到家中。妻子安娜却没有像往常一样来迎接自己，巴特十分疑惑，但当他看到安娜衔着草叶时，内心激动不已。

安娜微笑着看了丈夫一眼，轻轻拨开巢上的草叶，几枚恐龙蛋出现在巴特眼前。巴特怜爱地亲亲妻子，转身朝着天空发出兴奋的吼声。

恐龙们知道了这个喜讯，纷纷前来祝贺，直到夜深了，他们才各自回家。

为了小恐龙能顺利的出生，安娜日日夜夜都守候在恐龙蛋旁边。她将蛋放在温暖的巢里，还不停衔来厚厚的草叶盖在蛋上，以保持蛋的温度。

巴特则自觉担起了照顾妻子的任务。为了给辛劳的妻子补充营养，他每天清晨早早就出去捕猎新鲜的食物。

夫妻俩都期盼着出生的恐龙宝宝能够健健康康。

一天中午，外出捕食的巴特很久都没有回来，饥饿的安娜卧在恐龙蛋的旁边打起了盹儿。一只偷蛋龙悄悄靠近了睡着的安娜。迷迷糊糊的安娜突然察觉到了危险，她睁眼一看，原来是臭名昭著的偷蛋龙！"可恶！别想打我孩子的主意！"安娜怒吼着冲向偷蛋龙，要给他一个教训。

　　但是安娜不知道，这是一个圈套。她追赶的那只偷蛋龙只是一个将她从巢边引开的诱饵，其他的偷蛋龙正在向她的恐龙宝宝靠近。

阴险的偷蛋龙将安娜引到了悬崖边,然后突然转弯。而一心想惩罚偷蛋龙的安娜,却没有发现前方是无底深渊。因为巨大的惯性,安娜已经来不及转身了,她就这样直直跌下了悬崖。

可怜的安娜不知道,她的恐龙宝宝已经被偷蛋龙当成了午餐。

傍晚，带着食物回来的巴特惊恐地发现：妻子安娜不在，巢里的恐龙蛋只剩下了蛋壳。巢边的脚印表明了这是偷蛋龙干的坏事！

　　巴特着急地呼唤安娜，但是回荡在山谷中的只有他自己的声音。

　　悲痛欲绝的巴特朝着天空痛苦地嘶吼，整个霸王山仿佛都在摇动！

　　伤心的巴特低头亲亲蛋壳，与自己尚未出生就夭折的孩子告别。突然，他发现了一颗完好无损的蛋，大概是因为有草丛掩盖着，才逃出了偷蛋龙的魔爪。

巴特小心翼翼地衔着这颗仅存的蛋,将它转移到茂密的丛林中。

他让自己身边所有的卫士日日夜夜照看这枚蛋,然后亲自衔来草叶,将巢做得很温暖。

每天晚上,巴特都要先仔细查看这颗蛋的情况,然后才睡下,他把所有的希望都寄托在这颗蛋上。

在等待恐龙蛋孵化的日子里,巴特总是想起温柔的妻子。每天临睡前,他望着天空中的明月,默默在心里对妻子说:"安娜,我们还有一个孩子,我每天都祈祷他能平安地出生,健康地成长。我会告诉他你曾经怎样温柔地照顾他,我会交给他所有的生存技能,我的王位也将由他继承。安娜,我一定会照顾好孩子的,你放心。"

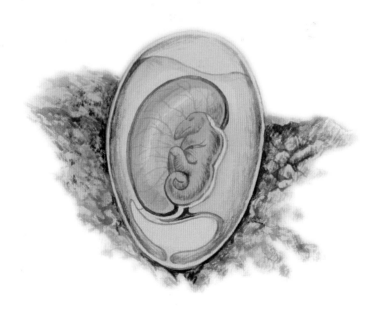

13

在巴特的细心照顾下，小家伙不久就出生了。

他从蛋壳中探出头来，迷茫地眨着眼睛，等他终于睁开好奇的双眼，看到的就是欣喜的巴特，他冲着父亲叫了一声，宣告自己的降生。

高兴的巴特急忙找来新鲜的肉，喂给小家伙。小家伙大口大口地吃下去了。

巴特十分欣慰，小家伙虽然瘦小，但是很健康。巴特向霸王谷的恐龙们告知了这个好消息，恐龙们都十分高兴，再一次前来祝贺巴特，并送上了很多礼物。

巴特看着摇摇晃晃学走路的小家伙，在心中对妻子说："安娜，这就是我们的孩子，他看起来多么健康啊！他有一双像你的眼睛，你看到了吗？"

时间一天一天过去，小家伙在巴特的照顾下渐渐长大了，巴特给他起了个非常好听的名字，奥尼。

奥尼聪明无比，无论爸爸教他什么，他都能很快学会。爸爸身边的护卫从小就十分宠爱奥尼，因此，他从来没有因为没有妈妈而感觉到寂寞。

只有一次，奥尼见邻居家的小朋友都有妈妈，就去问爸爸："爸爸，我的妈妈在哪里？"

爸爸没有说话，但表情看上去很悲伤。奥尼知道了，只要一问起妈妈，爸爸就会很伤心，便再也没有问过。

巴特经常带着奥尼在霸王山中巡视自己的领地，想让他尽快熟悉霸王山的环境，顺便教奥尼认识各种恐龙。

奥尼在爸爸的身边无所畏惧，天真地在山谷中跑来跑去。

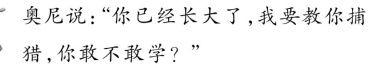

巴特看着逐渐长大的儿子，觉得应该教他捕猎了。于是他对奥尼说："你已经长大了，我要教你捕猎，你敢不敢学？"

奥尼兴奋地说："敢，我敢，我要学习捕猎！"

巴特满意地笑了。

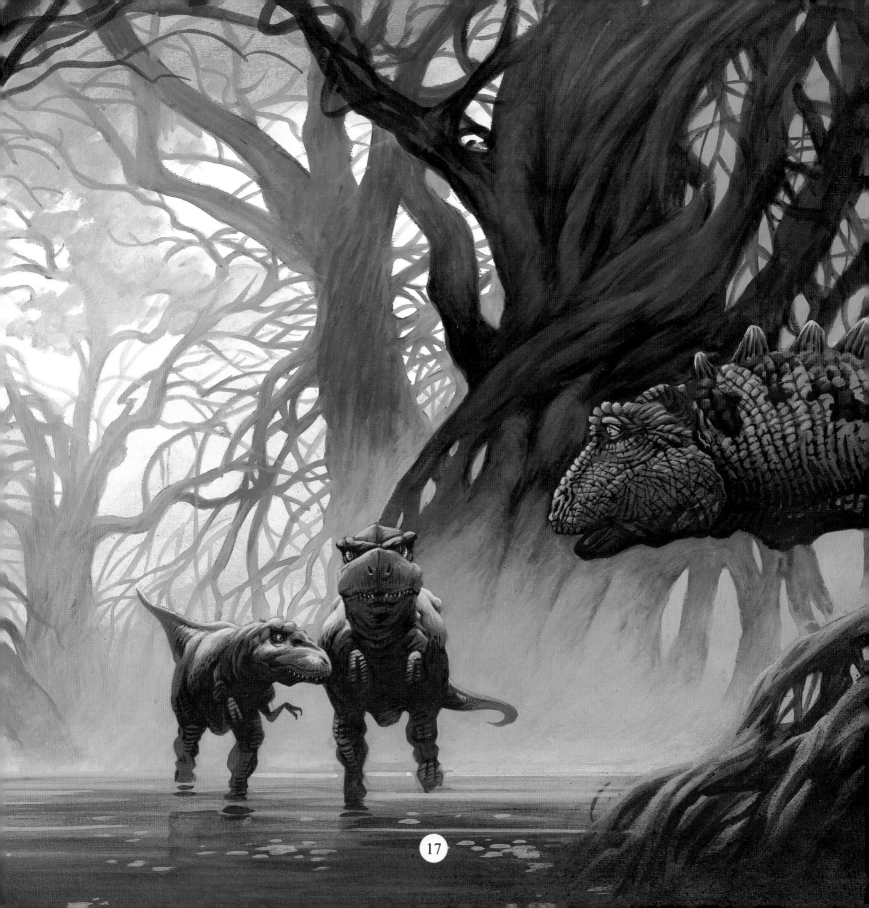

这天清晨，性情温和的梁龙正在悠闲地吃早餐，他们大口大口地咀嚼着苏铁的叶子。

　　巴特带着奥尼悄悄靠近了这群梁龙，他要让奥尼看看他是怎么捕猎的。

19

巴特压低声音对奥尼说："我现在要开始捕猎了，你仔细看我的动作。别看梁龙体型庞大，其实他们是温顺的植食动物，一见到我们就会吓得逃走，所以我们要悄悄接近他们。"

奥尼看到高大的梁龙，害怕地说："可是爸爸，他们那么大，我们怎么打得过他们呢？"

巴特正想说话，但是梁龙们发现了巴特和奥尼，开始四处逃散，巴特立即像箭一样冲了出去。身躯庞大的梁龙根本跑不快，在巴特的追赶下，它们慌乱的脚步声响彻整个山谷。

巴特追上了一只梁龙，跳起来一口咬上了这只梁龙的脖子，并且死死咬住不松口。梁龙巨大的身体重重倒在了地上，荡起的尘埃弥漫了整个山谷，大地好像都在颤抖。

巴特看向奥尼，发现儿子并没有勇敢地冲上来，而是躲在一旁瑟瑟发抖。巴特有一点失望，但还是叫来奥尼一起享用美食。

山谷中渐渐恢复了平静。

饥饿的奥尼忘记了害怕,趴在梁龙身上狼吞虎咽。

游荡在周围的恐爪龙也想要趁机大吃一顿,但是巴特不断发出震耳欲聋的吼叫声,吓得他们不敢靠近。

巴特教了奥尼很多捕猎技巧之后，认为奥尼需要自己去锻炼了。

于是，一天早上，太阳还没有升起，巴特就将奥尼从甜美的梦中叫醒："奥尼，快醒醒！快醒醒！今天你要自己去找食物，爸爸身体不舒服，没有力气。"

"啊？我自己去？"奥尼一下子清醒了。

"是的，我今天实在没有力气。你就按照我教你的技巧去捕食吧，勇敢一点！"

奥尼慢吞吞地走到梁龙出没的地方，他躲在森林中，远远看着体型巨大的梁龙，很害怕，根本没有勇气冲上去。

"他们那么大，如果把我撞倒在地，一定会很疼的，我还是回去吧！反正爸爸也不知道。"

悄悄跟在奥尼身后的巴特，看着犹豫的奥尼，十分担心：奥尼这样胆小，什么时候才能学会独立呢？将来又怎样接替我的王位来统治整个山谷呢？

巴特没有惊动奥尼，悄悄回了家，心中暗暗有了决定。

奥尼忐忑地回到家中，一路上，他已经想好了怎样跟父亲解释自己为什么没有捕到猎物，但他还没开口，父亲却说话了。

"奥尼，你不是一直想知道妈妈的事情吗？"

奥尼一愣，不知道父亲为什么突然提到妈妈，看了看父亲凝重的表情，他点点头。

"你的母亲，安娜，是这个山谷中最温柔美丽的霸王龙。她在你出生之前，为了保护你和你的兄弟姐妹，被偷蛋龙害死了。"

"什么？"奥尼很震惊。

巴特望着天空，陷入了回忆，他忍痛将真相讲给奥尼听。他痛心地说道："虽然害死你母亲的偷蛋龙已经被我处罚了，但是你的母亲却再也回不来了。"奥尼听后伤心地哭了起来。

"奥尼，从今天起，你要离开我独自生活了。"巴特突然说。

"为什么？"奥尼不解地问。

"我不可能永远照顾你，你必须学会保护自己，并让自己活下去。你走吧，离开霸王谷。"

奥尼苦苦哀求父亲，但父亲却不为所动，硬要将他赶走。奥尼含泪跑出了山谷。

而这一切全都落在了两只双冠龙的眼中。

双冠龙皮朋和杜兰是两个心肠狠毒的家伙,他们一直想要取代巴特,成为霸王谷的统治者,但又根本不是巴特的对手。

现在,看到奥尼被赶出山谷,他们认为这是个好机会!

皮朋兴奋地说:"杜兰,机会来了,我们要当霸王谷的王了!"

杜兰坏笑一声说:"没错!先干掉奥尼,让巴特没有继承人。"

"对对!再等巴特老了,我们就可以杀死巴特,成为新的统治者了!"皮朋激动地说。

"哈哈哈哈!"皮朋和杜兰忍不住大笑起来。

"走,跟上他!"杜兰说。

"走,不要错过这个好机会,一定要让他尝尝我们的厉害!"皮朋说。

"对!让他永远都没有机会再回来!"

皮朋和杜兰鬼鬼祟祟地跟在奥尼的身后,等待下手的时机。

奥尼一边哭一边在山谷中乱走，他不知道自己要去哪里，也不知道为什么一向心疼自己的爸爸突然要将自己赶走。

天渐渐黑了，月亮已经升上了天空，又累又饿的奥尼越走越伤心。

忽然，奥尼听到了流水的声音，他精神一振，向着声音传来的地方跑去。

到达河边的奥尼却听到了奸笑声，他吓了一跳。月光下，河对面站着两个熟悉的家伙——皮朋和杜兰，那是爸爸让自己警惕的大坏蛋！

"嘿嘿，小子，今天你跑不掉了！"杜兰邪笑着说。

"你们要干什么？"奥尼壮着胆子回了一句。

"哼哼，你的老爸不要你了，反正你也活不了多久了，不如把你鲜嫩的肉贡献给我们吧！"皮朋残忍地说。

奥尼一听，转身就跑，皮朋和杜兰连忙追赶。

奥尼一边跑一边想自己该怎样逃脱。双冠龙最擅长奔跑，皮朋和杜兰又是出了名的心狠手辣，自己能顺利逃脱吗？

皮朋和杜兰紧追不舍，不仅如此，他们还一边追一边用话语刺激奥尼。

皮朋说："你已经一天没吃东西了吧，还跑得动吗？"

杜兰说："就是呀，现在是不是又累又饿？没有力气了吧。"

"你是跑不过我们的，现在也没人会来救你，死心吧。"皮朋大声说。

奥尼知道他们说的都是事实，但是，他没有停下脚步，心中只有一个念头：一定不能被抓住！

狡猾的皮朋和杜兰知道奥尼的体力有限，于是他们故意紧跟在奥尼身后，迫使奥尼一点都不敢松懈。很快，奥尼的脚步就慢下来了。

"完了，完了！爸爸，救我！"奥尼在心中大声呼唤爸爸，但他也知道爸爸不会出现，于是心里开始绝望了。

慌乱的奥尼根本不知道自己该朝哪个方向跑，不知不觉就跑到了悬崖边。

前面是万丈深渊，后面是紧追不舍的坏蛋，奥尼已经没有退路了。

他不停地朝皮朋和杜兰吼叫，试图吓退他们，但是那两个坏家伙根本不怕奥尼，他们一步一步把奥尼逼向绝路。

奥尼彻底绝望了，他已经没有体力来对抗皮朋和杜兰了。

皮朋看着站在悬崖边的奥尼，得意地说："你看，我说了你跑不过我们，你不信，怎么样，想好了吗？乖乖当我们的晚餐吧。"

"不！决不！"奥尼坚决地说。

"我们是好意哦，难道你想摔到悬崖下面粉身碎骨吗？就算你侥幸没有摔死，你知道悬崖下面有什么吗？有很多恐怖的鳄鱼哦，他们一口就能咬断你的脖子！"杜兰故意吓奥尼。

奥尼很害怕，但他也知道，无论如何都不能落在他们的手里。

想着再也见不到爸爸了，奥尼不禁向着夜空吼叫，他凄厉的嘶吼声惊起了栖息在绝壁上的翼龙，他们飞起来，挡住了皮朋和杜兰。

"爸爸，再见了。"

奥尼闭上眼睛，纵身跳下了悬崖。

然而，奥尼很幸运。悬崖的半空长着藤蔓，坠落的奥尼抓住了那些藤蔓。虽然最后藤蔓因为承受不住奥尼的重量而断裂，他还是掉进了深谷中，但是他只受了皮肉伤，饥饿和伤痛让他昏了过去。

悬崖上的皮朋和杜兰看了看悬崖边的深渊，以为奥尼必死无疑，就得意扬扬地走了。

　　天亮了，几只迅猛龙循着血腥味找到了昏过去的奥尼。他们以为奥尼已经死去，兴奋不已地冲向奥尼，在他身上撕咬，准备饱餐一顿。

　　奥尼被自己身上一阵阵的剧痛惊醒，他睁眼一看，吓坏了，自己要变成迅猛龙的食物了！虚弱的奥尼很恐惧，身体上的疼痛提醒着他就要死掉了。

　　不行！怎么能被吃掉！

奥尼用尽全力从地上爬起来,甩掉了趴在自己身上的迅猛龙。然后伸出强有力的爪子,猛地踩向一只迅猛龙,奥尼的凶猛让其他的迅猛龙落荒而逃。

奥尼张开大嘴,一口咬死了爪子下的迅猛龙,美美地吃了一顿。填饱肚子的奥尼发现自己还是很厉害的,他开始有了一些自信。因为不能回家,所以奥尼开始了四处流浪的生活。

　　一天中午，奥尼到一条小河边喝水，但他并不知道前方有危险正等着他。

　　原来这条河中住着一只凶猛的狂齿鳄。狂齿鳄的身体有十多米长，力大无穷，巨大的嘴巴可以轻易咬死比自己大得多的动物。

　　此刻，这条狂齿鳄正在岩石后边休息。

奥尼重重的脚步声惊醒了午睡的狂齿鳄,他意识到有猎物上门了。于是迅速钻入水中,只露出两只眼睛,紧盯着向着河边走来的奥尼。

奥尼没有发现伪装成树干的狂齿鳄,直接走入河中喝水。

狂齿鳄突然发动了攻击！他猛地蹿向毫无防备的奥尼，张开血盆大口，想要咬住奥尼的腿。奥尼吓了一跳，迅速后退，但狂齿鳄的进攻非常猛烈，情况十分危急！

47

在这危急的时刻，奥尼迅速抬起那只将要被咬住的腿，用力蹬向狂齿鳄，并借力跳上了河岸。

　　狂齿鳄被奥尼的全力一击伤到了背部，他痛叫一声，迅速沉入了水底，游向了远处。

　　奥尼看着消失的狂齿鳄，惊魂未定。好险！刚刚差点就丢掉了性命。看来自己还是太粗心了，需要处处提高警惕才行！

从狂齿鳄口中逃生之后的奥尼，防范意识明显提高了。

无论什么时候，他都警惕着四周的环境。特别是准备喝水的时候，每次他都先要观察四周是否安全，喝水时也小心地站在岸边，再也不贸然走入河中了。

有一天，奥尼正在树林中搜寻猎物。突然，他听到了"咚、咚、咚"的声音，这是什么呢？好奇的奥尼四处寻找。啊，原来是肿头龙，他们正在玩顶头的游戏呢！

　　记得爸爸说过，肿头龙经常以相互撞头的方式，来增强头盖骨的强度，因为那是他们保护自己的武器。虽然知道肿头龙的头盖骨很厉害，但是奥尼想试试能不能吓走他们，于是他从草丛中一跃而出。

没想到，肿头龙一点都不怕奥尼，
他们一动不动地站在那里看着奥尼。
其中有一只还将头盖骨对
准奥尼，怒气
冲冲地冲
向他。

　　奥尼一愣，还没来得及撤退，肿头龙已经撞了上来。奥尼惨叫一声，身体被肿头龙撞破了，血流不止。他赶紧逃命。

　　受伤的奥尼休养了好多天，但是伤好了的奥尼又忘记了上次的教训。现在他正躲在草丛中观察到河边喝水的剑龙，想去挑战一下他们，看看自己有没有变强。

　　奥尼突然冲向一只剑龙，
这只剑龙却十分沉着，他将长
着尖刺的尾巴用力扫向奥尼。

　　虽然奥尼躲开了，但是剑
龙尾巴的力量却扫断了一棵树，长长的尖刺深深
扎进树干中。太可怕了！奥尼吓得拔腿就跑。

经过几次惊险，奥尼渐渐明白，目前自己的力量还很有限，需要继续磨炼。遇到事情不能太冲动，必须量力而为。

所以，在遇到这队迁徙的三角龙时，虽然他已经很饿了，但却没有贸然行动，而是悄悄跟在三角龙后面，等待时机。

机会来了！两只巨大的角鼻龙从山坡上冲了下来，他们直直冲向三角龙。奥尼心想：看来他们跟自己的目的一样，先看看他们能不能征服三角龙吧。

面对凶狠的角鼻龙，三角龙并没有乱作一团，他们迅速变换了队形。强壮的三角龙围成了一圈，将尖锐的犄角对着角鼻龙，组成了一道坚固的屏障，角鼻龙怎么也突破不了这道防线。

角鼻龙放弃了正面攻击，改成从后面追杀。三角龙则组成整齐的队形，浩浩荡荡地奔跑前进。

角鼻龙穷追不舍，他们在等，等待掉队的三角龙，单独一只三角龙，根本不是角鼻龙的对手。

渐渐地，一只年迈的三角龙掉了队。两只角鼻龙迫不及待地冲上去，张开巨嘴，撕咬着三角龙。三角龙终于支持不住，倒下了。于是角鼻龙开始尽情享用这一顿美餐。

奥尼想：三角龙这么大，角鼻龙肯定吃不完，我只要等他们吃饱走了，就可以去填饱自己的肚子了。因此他忍着饥饿，继续等待。

天空中，翼龙也在盘旋着，等待享用这免费的午餐。

两只角鼻龙吃饱后，心满意足地离开了。奥尼从隐藏的岩石后面走出来，终于可以吃饭了！

但是，翼龙比他更快一步，他们一拥而上，尽情享用三角龙的肉。

肚子已经饿得"咕咕"叫的奥尼急忙加速跑了过来,他怎么能眼看着食物变成翼龙的!

他一边朝翼龙怒吼,一边驱赶他们。

"滚开!滚开!这是我的食物!"

"霸王龙!是霸王龙!"翼龙发现与他们争食的是霸王龙,惊叫着飞向了天空。

奥尼见翼龙们不敢跟他抢,就放心地吃起肉来。

但是翼龙并没有离开,他们准备等奥尼吃饱后,再来吃剩下的肉。

这就是大自然的生存法则——弱肉强食。